Fashion

Coordination

and

Styling

时尚服饰穿搭

陈邦伟　主编

化学工业出版社
·北京·

图书在版编目（CIP）数据

时尚服饰穿搭/陈邦伟主编. 一北京：化学工业出版社，
2021.1
ISBN 978-7-122-37928-3

Ⅰ.①时… Ⅱ.①陈… Ⅲ.①服饰美学 Ⅳ.①TS941.11

中国版本图书馆CIP数据核字（2020）第198951号

责任编辑：张　彦　　　　　　　　　装帧设计：王晓宇
责任校对：王佳伟　　　　　　　　　版式设计：陆　健

出版发行：化学工业出版社（北京市东城区青年湖南街13号　邮政编码100011）
印　　装：北京瑞禾彩色印刷有限公司
710mm×1000mm　1/16　印张7½　字数107千字　2021年1月北京第1版第1次印刷

购书咨询：010-64518888　　　　　　售后服务：010-64518899
网　　址：http://www.cip.com.cn
凡购买本书，如有缺损质量问题，本社销售中心负责调换。

定　　价：39.80元

前言

在人际交往中，给人的第一印象通常来自你的外表，因此，衣着就显得极为重要。服饰搭配是一门形象设计艺术，搭配和谐的服饰能够更好地展现你的个人魅力。

色彩是服饰最先传递出的信号，也是评判第一印象时最感性的服饰语言。如何很好地驾驭颜色、成功搭配出适合自己的服饰色彩？本书前半部分简要介绍了色彩的基础知识以及色彩的情感与印象，并结合具体实例分析了服饰色彩的搭配方法和搭配方式。从基本的色彩搭配学起，就能轻而易举、自由自在地彰显个性。

一切服装的起点都是身体，服装材料与款式通过服装造型风格形式表现出来。如何对身体缺点部位进行掩盖和淡化，展现自己最美丽的一面？本书后半部分介绍了身体曲线与比例，以及决定整体着装骨架的服装外轮廓，并针对不同身体部位的缺点展开具体分析，掩饰缺点，凸显优点。学会利用色彩和服饰造型等视错效果，就能打造出得体、出众的服饰形象。

本书在编写过程中，为了更多体现服饰的艺术效果，特邀请了上海工艺美术行业协会、上海工业设计协会、上海市摄影家协会陆健先生倾情设计，并得到了李心迪的大力支持，在此表示诚挚的感谢。

编者

2020年12月

目录

03　身体构造与服装造型

04　扬长避短的穿着搭配

时尚品味穿搭

在时尚圈，总有人会让我们觉得：这人很有品味。

很多真正有品味的人穿搭简单，

却让人觉得既时尚还有个性。

这里"品味"的威力就是把简单服装穿搭出时尚感，

显露出自信与优雅，

这种是金钱买不来的，

所以才会让人羡慕。

01　色彩基础与情感印象

色彩的概念

色彩的分类

　　虽然服装是由面料、造型、色彩等多方面因素综合而成，但色彩却是最先传递出的信号，是评价一个人第一印象时最感性的标准，这也是先于服装造型来理解服装色彩的原因。

　　色彩并非漫无边际的感觉，是基于高度严谨科学的理论体系之上的。掌握了色彩原理知识，就能很好地驾驭颜色，成功搭配出适合自己的服饰色彩组合。

为了便于表现和应用，

现代色彩学按全面、系统的观点，

将色彩主要分为无彩色和有彩色两大类。

无彩色指黑、白、灰色，这三个色不包括在可见光谱中，所以称为无彩色。

有彩色指黑、白、灰色以外的所有色彩，可见光谱中全部色都属于有彩色。

另外，还有不属于上述两类色彩的特别色，如具有金属光泽的金、银色和荧光色等。

色彩三要素

色彩三要素是指色彩具有的色相、明度、纯度三种属性，也称"色彩的三属性"。

色彩三要素是界定色彩感官识别和进行色彩设计的基础。

色相指色彩呈现的相貌及名称，如红、橙、黄、绿、蓝、紫等。

明度指色彩的明亮程度，也称"亮度、深浅度"。

纯度指色彩的纯净程度，也称"灰度"或"鲜艳度"。

实用色相环

色相呈圆环状排列的图形称作"色相环"，

12色色相环是以红、橙、黄、绿、蓝、紫为基础色，

加上它们的间色排列组成的。

色相环中，位置相近的色彩组合显得协调，

位置相反的色彩组合容易给人对立的印象。

例图以红色为基色，

从最近的地方开始排列着"邻近色""中间色""对比色"，

正对面180°位置的为"互补色"。

色彩的情感

色彩的冷暖

暖色系如紫红、红色、橙色、黄色，能让人感觉到温暖。

冷色系如蓝绿、蓝色、紫蓝，给人寒冷的感觉。

中性色如蓝紫、紫色、红紫、绿色，没有特别极端的冷暖感觉。

值得注意的是色彩的冷暖并不是绝对的，而是相对的。

比如，黄色的明色是暖的，暗色呈中性感，而浊色呈寒冷感。

色彩的大小

浅淡明亮的暖色有膨胀感，浑浊暗淡的冷色有收缩感。

同一大小/面积和具有相同背景的物体，

由于色彩不同，会给人大小不同的视错效果，

明度高的看起来大些，明度低的看起来小些。

宽度相同的黑白条纹布，感觉上白条纹总比黑条纹宽。

同样大小的黑白方格子布，白格子要比黑格子看上去略大一点。

色彩的印象

激情红色

红色是能量和活力的象征，
既象征着体内流淌的血液的颜色，也象征着生命的色彩和感情。
红色璀璨夺目、万众聚焦，给人热情奔放、积极活跃的印象，
适合天性积极活跃、舞台感极佳的人士。

激情红色

激情红色畅想

联想事物：

太阳、火焰、血液、玫瑰、草莓、口红。

印象性情：

热情、喜庆、奔放、活力、幸福；危险、愤怒、紧迫、炎热、警示。

温暖橙色

橙色是喜悦、欢乐和生机勃勃的象征。

充满活力和快乐的橙色，表现出喜悦和温暖等积极情感，

还对应着创造性的第二脉轮。

橙色是奇思妙想、无限创意，适合满脑子里都是好点子的智多星们。

温暖橙色

温暖橙色畅想

联想事物：

橘子、土壤、肌肤、枫叶、骆驼。

印象性情：

健康、活力、温暖、欢乐、幸福；固执、嫉妒、吵闹、冲动、浮躁。

活力黄色

黄色是知性、判断力和幽默的象征。

黄色是明亮的光的色彩，代表耀眼的光、希望和幽默，

同时也是象征理智和知识的色彩。

黄色欣荣兴奋、欢畅惊奇，适合领导力超群的统帅们。

活力黄色

活力黄色畅想

联想事物:

向日葵、柠檬、香蕉、油菜花、月亮、奶油。

印象性情:

明亮、温暖、幸福、快乐、活泼；急躁、冷淡、轻俏、不安。

清新绿色

绿色是平衡、协调和自然的象征。

绿色意味着平衡和协调，

是主管感情和健康、关系着肉体和感情两方面成长的色彩。

绿色勤勉坚韧、沉稳持重，适合热爱和平、自然，宁静致远的田园居士们。

22

清新绿色

清新绿色畅想

联想事物：

森林、叶子、草原、蔬菜、西瓜、信号。

印象性情：

健康、清爽、自然、和平、年轻；被动、沉闷、无创意。

雅致蓝色

蓝色是和平、沟通和沉静的象征。

蓝色意味着沟通与和平，

是可以让人联想到江河湖海和天空的清凉、开放性的色彩。

蓝色代表诚实信用、享誉八方，适合向往和谐生活、正直诚实的人士。

雅致蓝色

雅致蓝色畅想

联想事物：

大海、天空、湖泊、山川、宇宙。

印象性情：

认真、理智、权威、严谨、诚实；忧郁、孤独、苛刻、孤立、寒冷。

灵性紫色

紫色是精神、高尚和灵感的象征。

紫色意味着吸引人的高度精神性，

自古就是高贵事物的象征，是很受珍视的色彩。

紫色富足丰腴、华丽富贵，适合自我意识强烈、品位独特的艺术家。

灵性紫色

灵性紫色畅想

联想事物:

紫罗兰、薰衣草、葡萄、紫水晶。

印象性情:

高贵、典雅、灵性、优美、神秘;自傲、压迫、孤独、悲伤、忧郁。

高贵黑色

黑色是黑暗、尊贵和神秘的象征，

既代表着死亡与悲伤等消极的情感，同时又是包含一切的尊贵色彩。

黑色意味着权力和支配、优雅和品位，

适合重视传统、封闭内心的人士。

高贵黑色

高贵黑色畅想

联想事物：

夜晚、墨、乌鸦、黑发、丧服。

印象性情：

华丽、高贵、优雅；死亡、寂寞、绝望。

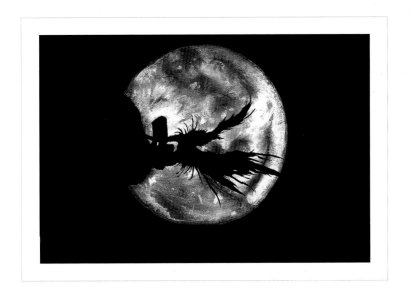

纯洁白色

白色是光、正义和洁净的象征。

白色象征着光芒，被誉为正义和净化之色。

包含着七色所有波长的白色，堪称理想之色。

白色单纯无瑕、清净素雅，适合自我防御、公平意识强的人士。

纯洁白色

纯洁白色畅想

联想事物:

云彩、白雪、护士、天鹅、兔子。

印象性情:

纯洁、神圣、单纯；迷茫、空虚、无知。

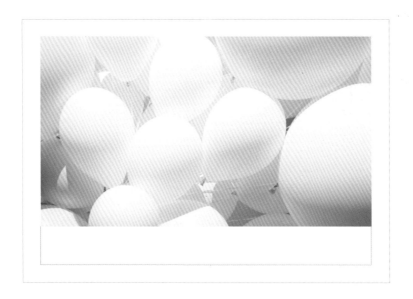

柔和灰色

灰色是中庸、认真和谦虚的象征。

灰色介于白色与黑色之间，中庸而低调，

有着寂静和无机质的印象，象征沉稳而认真的性格。

灰色保守洁净、沉稳平衡，适合自信独立、时常自省的人士。

柔和灰色

柔和灰色畅想

联想事物:

烟雾、道路、阴沉的天空、铅。

印象性情:

朴素、实在、低调；压抑、忧郁、阴沉。

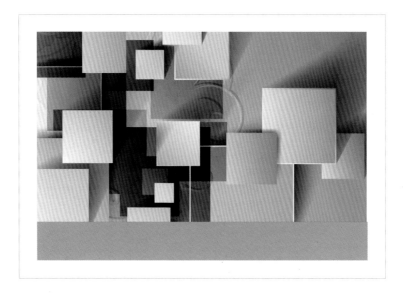

印象与形象

改变形象，

就是改变你的生活态度。

对待生活的态度，

从自己的内心开始。

彻底改变自己对服饰的态度，

重新塑造一个美丽自信的自己，

学会欣赏和激励自己。

改变了自己的形象，

留给别人的是新的印象。

02　服饰色彩的搭配技巧

服饰色彩的搭配技巧

相对局限性极大的服装造型而言，

色彩完全消除了服装在形态上的劣势，

升华了服装的多样性，

是协调搭配服饰的主要参数。

如此看来，与其说是在穿衣服，

倒不如说是在穿色彩。

色彩搭配从理论上意味着配色的技术，

虽说掌握色彩搭配的细节是不容易的，

但其实还是有规律可循的。

只要理解了色彩搭配规律，

从基本的配色技巧学起，

就能轻而易举、自由自在地彰显个性。

服饰色彩的搭配方法

同色系搭配

　　同色系搭配是指将色相环上相同的色相，
根据明度和纯度变化进行配色的方法，也称"同一色相搭配"。
　　例如，深红＋浅红搭配、浅绿＋橄榄绿搭配等。
　　同色系搭配是最简单、最容易掌握的方法，
失败率较低，搭配门槛低，视觉效果和谐柔美，色调鲜明。
　　但在达到色彩最大限度和谐的同时，
也暴露出变化和活动性的欠缺，容易泯于芸芸众生之中。

邻近色搭配

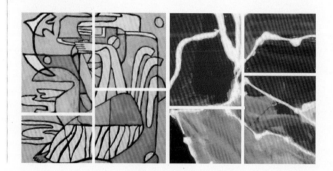

邻近色搭配是指将色相环上主调色相与相邻色相进行搭配的方法。

例如，以红色为中心，配以橘红、粉色、橘黄、紫色等邻近色。

邻近色搭配方法很实用，

在统一中又有变化，视觉效果和谐悦目，

比起同色系搭配更加生动，看起来不那么单调。

但这种搭配方法也仅是刚刚摆脱单调，

给人以冷静、稳定之感。

互补色搭配

互补色搭配是指将色相环上位置相对的颜色进行搭配组合的方法。

例如，红色＋绿色搭配、黄色＋紫色搭配、蓝色＋橙色搭配等。

互补色搭配的视觉效果鲜明，

惹人注目，彰显个性，活跃、饱满、富有感染力，

给人以华丽和现代之感。

但当色彩中对比最强烈的互补色相遇时，

会产生炫目的感觉，这时可以通过调整明度、纯度或者相互的比较关系来改善。

对比色搭配

对比色搭配是指将色相环上距离较大的颜色（即对比色）进行搭配组合的方法。

例如，红色＋浅绿搭配、黄色＋天蓝搭配、紫色＋青绿搭配等。

对比色自互补色扩张而来，

既维持了互补色强烈的对比感，

又克服了互补色单调刺眼的缺点，能表现出更加丰富多样的色彩感。

与"邻近色搭配"相比，

对比色搭配的内容更深、花样更多，可体现卓越的审美能力。

无彩色搭配

黑白灰搭配是永恒的经典组合，

视觉效果冷静、干练、整洁、个性，

但常常也容易使人感到单调。

黑白灰搭配时需注意主次之分，其中一色做点缀的效果很好。

黑灰搭配时，以黑色为主色，灰色为辅助色，

其中黑配浅灰、黑配中灰都很好。

灰白搭配最能展现优雅含蓄的魅力，白色与中灰、深灰的搭配都很受欢迎。

无彩色与有彩色搭配

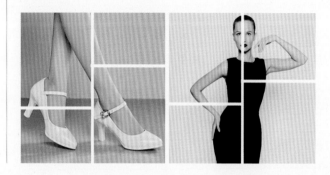

无彩色也可以与有彩色相搭配，

有彩色的加入能使无彩色服装变得动感、时尚。

其中，被人所熟知的就是黑红配、黄灰配、蓝白配。

一般来说，黑白灰可以与全部有彩色搭配，

尤其是灰色非常温和，能与所有色彩和谐相处。

超过三种以上的多色搭配，注意当有彩色有多种时，无彩色要使用一种；

当无彩色有多种时，应只选择一种有彩色点缀。

服饰色彩的搭配方式

上下统一

上下统一搭配方式是指从上衣到裤（裙），

包括鞋帽、箱包、围巾等配饰，

整体同一种色调，视觉和谐、柔美、素雅、个性。

上下统一搭配虽然视觉效果和谐，

但也常常会显得单调、呆板，变化和活动性欠佳。

可以在颈部或胸部点缀小小的饰品，

如项链、胸花、围巾等，会令人有大方、活泼的印象。

上下对比

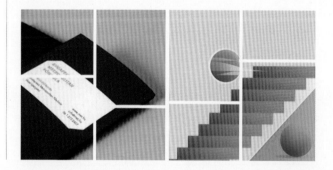

上身浅色、下身深色，或上身深色、下身浅色是生活中常见的上下对比搭配方式，

给人鲜艳、活泼、明快的感觉。

如果换成有花形色彩的服装也会有类似效果，

只是没有纯色的容易对比。

当花形与底色有两种以上的色彩时，

需辨别上下衣裤的主色调以及花形的排列和形状大小，

以免产生对比过分强烈或散乱等效果。

内外对比

在内、外两件套穿着时，内外衣的色彩最好是反差大的，

如内浅色外深色或内深色外浅色，

这样搭配起来会更有味道。

同样，这种搭配方式也适用于有花形图案的服装。

如果采用花色面料的内外衣配套，

多采用内花色外单色，或内单色外花色的搭配方法。

如果内外全花，将会使人产生混乱的感觉。

呼应缓冲

色彩在整体着装搭配上最好不要孤立出现，

尤其是在色彩大面积对称搭配时，

需要有同种色或同类色与其呼应，会感觉和谐又活泼。

着装色彩中有上下呼应，也有内外呼应。

如果上下对比或内外对比太强，

可在领边、袖边、腰围、裙摆等部位用同类色的布料加以镶拼，

使其得到缓冲，显现整体色彩和谐。

配饰点缀

美衣让人赏心悦目，配饰更让整体加分。

通过配饰可以看出一个人对时尚的理解和诠释，

演绎出不同风格并各有千秋。

当色彩单一或色调太统一、相近时，往往显得呆板，没有生机活力，

在这种情况下，

利用头饰、颈饰、胸饰、手饰、腰佩、装饰衣扣、装饰袋、箱包等来点缀，

往往能起到画龙点睛的效果，更加怡神悦目。

寻找色彩答案

和谐的色彩是能引起人们共同的审美愉悦、

最敏感的形式要素。

色彩可以激发人的情感、

刺激我们的感官，从而传递不同的情绪，

进而影响我们的心灵感受。

针对不同领域采用不同的色彩表达，

是人们找到的自己的色彩答案。

03 身体构造与服装造型

身体的构造

一切服装的起点都是身体，

只有当服装穿着于身体并与其融合成一个整体时，才能达到完美的境界。

所以在理解服饰之前，应该对身体结构特征有所掌握。

实际上着装打扮是将服装经过细腻立体的调整搭配，

完成特有风格的过程。

衣服的外轮廓如同整体着装的骨架一般，决定着着装的整体印象。

因此，在挑选美丽服装之前，有必要考虑一下自己想追求怎样的服装外轮廓。

身体的曲线

与男性身体的外形相比，女性有胸部和臀部大、腰部纤细的特点。

无论是正面还是侧面，女性的身体都呈现明显的S形曲线。

先是胸部的隆起，然后在腰部收缩的线条又在臀部外翘，

形成一条热情奔放的上身曲线。

短小而扭动的上身曲线，经大腿，

急速而竖直垂下，在下身呈现出近乎垂直的缓慢运动之美。

如此，形成上下两种完全不同的流线趋向。

身体的比例

事物之所以美丽就源于它完美的比例，而人体拥有世上最美的比例。

将身体纵向按大小区分，可分为较小的头部，

然后是较长的上身，最后是细长的下身。

越往下越修长的长度变化在视觉上产生某种微妙的改变，

带来比实际更高更长的效果。

腿长会让身体看上去更加修长，

如果下肢比例较短，使得腿部看上去短小，身高就会显得比实际矮。

服装的造型
性感妩媚X形

X形是专为强调女性S形身体曲线特征而设计的廓形，

肩部和臀部（或下摆）稍微夸大，

而腰部则收紧并尽可能贴合人体，

扩大了女性的身材之美，具有窈窕、优美、性感、女人味十足的特点。

X形是现在女装的主要造型，既可以是单件服装的造型，

也可以是整体服装的造型。

这种造型常用于连衣裙、晚礼服、婚礼服、淑女装等各类服装。

知性优雅H形

H形是平直的筒状造型设计，肩、腰、臀、下摆的宽度接近，

通过掩饰婀娜多姿的身体曲线达到凸显精神之美，

具有简洁、利落、洒脱的特点以及中性化的风格。

H形所展示的魅力不会随着岁月的变迁而迅速消逝。

H形在很多的服装中都有应用，

如休闲服、居家服、男装或中性化的女装。

中国传统的服装多采用这种较含蓄、知性的H形廓形。

俏丽清新A形

A形是上部收紧、下部宽松，从上至下逐渐展开的外形，

最能给予安全感和很好表现柔和优雅的女性美，

塑造文静的大家闺秀形象，

具有稳重安定、充满青春活力、洒脱、活泼的多重特点。

A形可以是着装的整体服装造型，

也可以是服装的单件造型，

常应用于大衣、裙子、连衣裙、晚礼服等。

自由个性O形

O形是在完全没有反映女性身体特征的前提下形成的一种独特廓形，

上下部位里收，而腰部和臀部圆鼓蓬起，

圆润丰满的外形给人柔和、可爱、年轻的感觉，

具有休闲、随意的特点。

O形常用于休闲装、运动装，

如娃娃装、灯笼裙、灯笼裤、孕妇装等。

选择O形服装时，最好搭配紧腿裤，在视觉上产生美的综合效应。

时尚饰品佩戴

饰品的佩戴，

一定要产生璀璨夺目、

低调奢华的效果，

这样的美不受时光的影响，

散发着其特有的光芒，

拥有使人焕然一新、

心旷神怡的作用，

这就是时尚饰品的永恒奥秘与魅力。

掩饰上半身的缺点

短颈与长颈

宽肩与窄肩

平胸与大胸

粗臂与细臂

掩饰腰腹部的缺点

粗腰与细腰

低腰与高腰

大腹与小腹

掩饰下肢部的缺点

宽胯与窄胯

平臀与翘臀

低臀与高臀

粗腿与细腿

04　扬长避短的穿着搭配

扬长避短的穿着搭配

穿衣品味的好坏，关键不在服装，取决于因搭配而产生的视觉效果。

穿衣实际上也是一种创作，展现自己最美丽的一面，使别人对其产生美的共鸣。

只要知道自己身材的缺点在哪里，

懂得如何通过服装的色彩、造型、面料等因素及其视错效果，

对缺点部位掩盖和淡化，对优点部位凸显和展示，

就能从视觉上将自己的体型调整到接近标准体型的状态，打造得体、出众的形象。

掩饰上半身
的缺点

短颈与长颈

短颈

颈部又粗又短，无论穿着何种样式的服装似乎都缺少清晰感，

令人感觉似乎到处都有隆起。

在中国，苦恼的短颈人远比长颈人多。

短颈人士适宜穿着领口纵向流动并直线性强、无领或低领座的服装；

宜选择肩部轮廓自然的款式，

不要有垫肩或额外的装饰物；

适宜戴远离颈部的长项链，

不宜系丝巾。

长颈

颀长的颈部线条虽然如同天鹅颈般优美、典雅，

但脖子并不是越长越好，过犹不及。

脖颈较长的人，

如果装扮不适当会给人不美观的感觉。

适宜穿着横向流动型领口、有领座的服装；

宜选择肩部轮廓夸张蓬起的款式，

或肩部增加装饰物；

适宜戴紧贴脖子的短项链，

丝巾横系并紧贴脖子。

宽肩与窄肩

宽肩

宽肩部会使脸型看上去窄一些，

也会使腰部在视觉上更纤细。

宽肩虽能传递出女性形象的力量感，

但也会给人过于男性化的印象。

宽肩人士适宜穿无夸张、可柔和肩部曲线轮廓的服装，

肩部不要有过多装饰；

宜选择纵向流动型领口的服装；

采用"上深下浅、上单下花"的色彩搭配。

窄肩

无论窄肩还是削肩都会使头部看上去过大，

有"头大身体小"之感。

通过改善肩部的设计，

可散发出自信的硬朗与帅气。

窄肩人士适宜穿夸张蓬起、超越真实肩高轮廓的服装；

宜加垫肩或配以肩饰；

宜选择横向流动型领口的服装；

采用"上浅下深、上花下单"的色彩搭配。

平胸与大胸

平胸

一般东方女性的胸部都较为平坦，

平胸女性常常为身为"太平公主"而烦恼。

但平胸并不意味着与美无缘，

平胸女性拥有的是别样美丽。

可选择加厚文胸；

装饰胸部或穿着胸部有横向条纹装饰的衣服，

或穿收腰或束腰的服装；

上衣多件层叠搭配或者上衣选浅淡、鲜艳的色彩。

大胸

一说到"性感"，

很多人都会先想到女性丰满的胸部。

然而，胸部并不是越丰满越好，

过大的胸部容易让上身厚重显胖。

可选择有钢托的文胸；

尽量使衣服胸部款式简单或穿着胸部有竖线条装饰的衣服；

也可穿简洁宽松的束腰服装，

或穿上宽下窄或H形不束腰的服装。

粗臂与细臂

粗臂

能拥有骨感圆润手臂的人并不多，

即使体形不很胖的女性也会遇到手臂粗壮、

手臂外观有"膨胀棉花感"的问题。

粗臂人士应选择合体长袖，

不适宜无袖；

非长袖的袖口不能停留在手臂最粗的位置；

袖子不宜有过多的装饰物，

可选择有竖向垂线装饰的袖子；

上衣的颜色选择单色或深色。

细臂

当手臂细得如火柴棒时，整条手臂骨节毕露，

同样令人万分苦恼。

无论粗臂还是细臂，

选择长袖服装永远是最佳的穿衣方法。

细臂人士应选择合体长袖，

不适合短袖或无肩袖，

可选择中袖或七分袖等；

宜选择有花纹图案、膨胀感强或有装饰设计的袖子；

可采用多层叠穿对比色彩混搭的穿着。

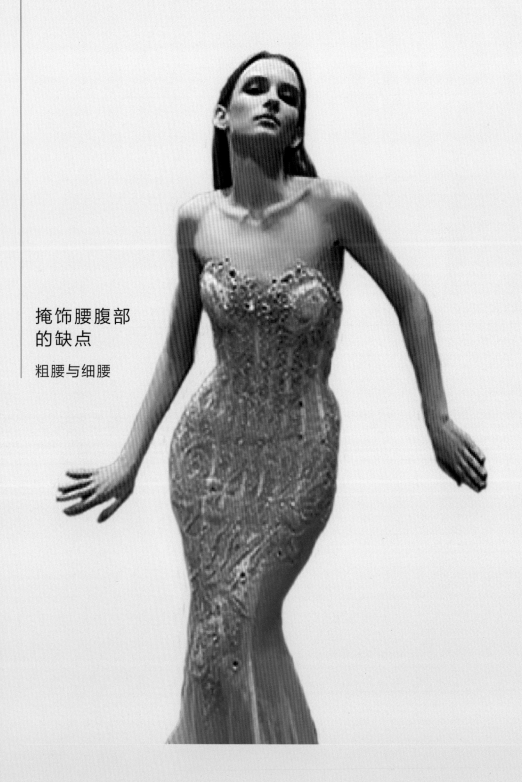

掩饰腰腹部
的缺点
粗腰与细腰

粗腰

纤细的腰身最能展现女性形体曲线的婀娜美感，

然而拥有杨柳细腰的人毕竟是少数，

腰粗的群体为数不算少，

粗腰使得整个身姿大打折扣。

粗腰人士适宜穿无收腰、束腰或腰部宽松的服装，

减少腰部的装饰；

可加宽肩部线条或在其他位置安排抢眼的设计，

转移对腰部的关注；

还可利用竖线显瘦的视觉错觉，

选择垂线设计分割腰身的服装。

细腰

虽然没有一个明确的标准，

但是对于女性来说，细腰是一种视觉更是一种感觉，

被称为"永恒的美"。

细腰和美腿是最显身材的身体部位，

因此，在穿衣时只需简约，就会展示女性的美，

同时，着装者可以根据自己身材与服装进行控制，

来协调身体的比例，

通过展现细腰来提升内在美，

穿出时尚与优雅，为自己打造"细腰的美"。

低腰与高腰

低腰

低腰指低于正常腰节线的腰线位置。

低腰的流行受时尚潮流放开之后的影响至深，

被称为时髦、新鲜、前卫、中性、冷艳、酷等。

女性让习惯将裤腰带束得高高的人们第一次且惊且喜地认识了低腰的特色。

流行的低腰裙则是"男孩子风貌"和"小野禽风貌"的特征部分。

但在所有低腰装中，最让人过目不忘的却是女性的露脐装。

短小的上装要依赖低腰下装才可使"露脐"名副其实。

不光女性对低腰深为迷恋，

低腰所要求的平坦腹部与骨感的胯部塑造出来的蓝调姿态，

也使追求着装前卫的男性产生了尝试的冲动。

高腰

高腰的腰围线比较高，

通常看起来腰短腿长，是绝对的优势体形。

追求高腰效果，应穿高腰款式的服装，

或穿短款上衣，衣长控制在臀线以上为佳；

可选择"上繁下简"的款式搭配，

上装富于变化、吸引视线，忽略下身；

穿着套装时，上下装同色或近似色，

也可采用"上深下浅"的色彩搭配。

大腹与小腹

大腹

人人都羡慕服装模特平坦的小腹，

无论穿着半身裙还是低腰裤都玲珑有型，

可以穿着的款式非常多。

小腹较大的人士适宜穿着宽松合体的H形服装，

或腹部和臀部宽大的服装；

可采用层叠穿法，制造多层次长短不一的服装混搭；

或利用竖线显瘦的视错，

选择前面有垂线设计的服装。

小腹

这是众多女性所追求的，

可是太小又会给女性带来不安，

通常对于小腹有以下四种应对方法：

掩饰法，松身连衣裙可以起到掩饰作用，

但是切记别用宽腰带；

穿着技巧法，上衣束进裤腰并非不可以，

但一定要有长度到重要线的外套搭配；

巧用服饰法，喇叭裙永远都是明智之选；

修饰法，高腰线的裙衫或连衣裙可使人显得活泼且年轻。

掩饰下肢部
的缺点

宽胯与窄胯

宽胯

协调的腰胯比例很大程度上决定了女性身段的优美与否。

胯大臀宽一直都是东方女性烦恼的问题。

可选择臀部设计简单的服装来进行掩饰，

臀部不宜有过多的装饰或口袋；

也可加宽加强肩部线条，

或者在臀部位置制造多层次套穿的效果；

还可利用竖线或斜线的视觉错觉，

或者选择"上浅下深"的色彩搭配。

窄胯

胯部过窄会导致身体缺乏凹凸有致的曲线美，

从而缺乏女性美。

努力实现臀宽与肩宽近似的视觉效果，

是最简单有效的获得魅力美臀的方法。

窄胯人士可选择臀部较宽松的服装，

增加臀部的装饰或使用横向线条设计；

也可选择肩部设计简单的服装，

肩部不要有膨胀感的装饰或垫肩，

上衣的衣长以结束在臀位线或臀位线附近为佳。

平臀与翘臀

平臀

平臀与翘臀是相对的，平臀是劣势，翘臀为优势。

中国女性中，翘臀是极少数人才有的身材特点。

平臀人士可穿着臀部缀满装饰设计的服装，

能很好地垫高臀部；

上衣宜选择收腰放臀的款式，

衣长刚刚到臀部或者刚过一点即可；

或选择X形服装，

可起到很好的收腰放臀效果。

翘臀

翘臀是优点，若是想要显小的话，

建议穿着黑色的服饰，会有收缩效果。

身高和身材很重要，

个子不高的话，尽量少穿过长的上衣；

在夏天，可以穿着七分裤在视觉上拉长腿部；

也可以选择上端略紧，

裙摆处宽松的碎花裙来展现翘臀的魅力；

另外，紧身的牛仔裤也是不错的选择，性感而立体。

低臀与高臀

低臀

臀位高低和腿的长度有密切而直接的联系，

高臀意味着腿长；

而低臀者由于臀位偏低，会显得腿短。

低臀人士适宜穿高腰的裤装或裙装，

不适合穿着有明显束腰的服装；

可选择臀部款式简单服装，

臀部尽可能不要装饰物；

下装宜选择单色或深色，

也可采用全身花色或"上花下单"的色彩搭配。

高臀

高臀的女性，一般来说胸部也比较丰满，

穿着紧身连衣裙可以达到性感的目的，

但切记别用宽腰带；

尽可能不要穿着过长的上衣和过于拖沓的裤子；

紧身的服饰永远都是明智之选；

还可用细小的饰品来点缀装扮自己。

粗腿与细腿

粗腿

纤瘦的腿型穿衣服的确会好看一些，

但有标准细腿的人并不多，粗腿人群则很庞大。

宽松的长裤是万无一失的选择，

当然搭配好的裙装也能增色不少。

粗腿人士适宜穿裙装，

裙摆结束在膝盖最细处；

也可选择宽松适中的直筒长裤，

不适宜穿不及膝盖的短裤和长及小腿的中裤；

还可选择上下装同色的套装、连衣裙或者深色下装。

细腿

腿并不是越细越好，

拥有骨瘦如柴的麻秆细腿也是件让人苦恼的事情。

过于纤细的腿想要获得丰满的效果，

唯有全部遮盖。

细腿人士适合穿长裤，不适合穿短于膝盖的短裤，

也可尝试裙长结束在小腿肚的裙装；

还可选择粗糙肌理或印花图案，

以及款式复杂或多装饰物的下装。

下装宜选择浅色或者有横线设计元素。